Gerardo Sánchez

Os segredos da criação de codornizes

Gerardo Sánchez

Os segredos da criação de codornizes

Segredos

ScienciaScripts

Imprint

Any brand names and product names mentioned in this book are subject to trademark, brand or patent protection and are trademarks or registered trademarks of their respective holders. The use of brand names, product names, common names, trade names, product descriptions etc. even without a particular marking in this work is in no way to be construed to mean that such names may be regarded as unrestricted in respect of trademark and brand protection legislation and could thus be used by anyone.

Cover image: www.ingimage.com

This book is a translation from the original published under ISBN 978-620-0-01283-8.

Publisher:
Sciencia Scripts
is a trademark of
Dodo Books Indian Ocean Ltd., member of the OmniScriptum S.R.L Publishing group
str. A.Russo 15, of. 61, Chisinau-2068, Republic of Moldova Europe
Printed at: see last page
ISBN: 978-620-4-09732-9

Los Secretos de la Cría de Codorniz

Por Gerardo Sánchez

Os segredos da criação de codornizes

INTRODUÇÃO

Este livro foi escrito com o único propósito de proporcionar conhecimento a criadores profissionais e amadores de todo o mundo que são apaixonados pelo impressionante mundo da criação de codornizes. O material também fornecerá ao leitor uma riqueza de informações importantes que serão necessárias ao expandir sua criação ou simplesmente começar como um criador. Tudo isto foi elaborado principalmente graças à minha experiência na área e, claro, à revisão de materiais técnicos especializados como meio de apoio.

O coturnix japonica ou codorna é uma ave extremamente lucrativa, tanto que cada vez mais países e pessoas estão se envolvendo nesta maravilhosa atividade. Este tipo de ave vem do Japão e é classificado como galináceo, assim, (**Lucotte G.**) Pag.7 afirma que ¨...foi introduzido nos EUA em 1955, um pouco mais tarde na Itália e depois em toda a Europa...¨ As vantagens fisiológicas deste animal são consideradas, entre outras: a precocidade da sua postura, a sua elevada percentagem de fecundidade, o seu rápido crescimento e a sua grande resistência a doenças.

De todos os aspectos, a codorniz representa uma enorme riqueza económica, o investimento de capital não é elevado e é muito rentável. Se a considerarmos do ponto de vista da conversão e em comparação com outras aves maiores, ela é extremamente econômica, pois não precisamos de uma grande quantidade de ração para sua manutenção, da mesma forma, seus ovos nos oferecem uma grande variedade de benefícios, como a baixa porcentagem de colesterol. Finalmente, podemos mencionar o requinte da sua carne e os nutrientes fornecidos nos vários pratos oferecidos por muitos restaurantes em todo o mundo.

Gerardo Sánchez

LISTA DE CONTEÚDOS

Unidade 1
ELEMENTOS FUNDAMENTAIS

A codorniz, um animal bem conhecido de caçadores e gourmets, pertence ao grupo das aves galináceas do gênero **Coturnix,** e junto com outros gêneros, forma o grupo das codornizes do velho mundo. O gênero *Coturnix* é de longe o mais rico em espécies, e estes podem ser divididos em três grupos principais de acordo com a sua origem, os grupos Africano, Asiático, Australiano e Novo Guineense, respectivamente. A espécie mais comum é a *Coturnix coturnix*, que está difundida na Europa, Ásia, África e nas ilhas atlânticas.

O **Coturnix coturnix** é um animal selvagem, é o que podemos encontrar normalmente e é das nossas regiões, nidifica na Europa e Ásia e migra durante o Inverno para África, Arábia e Índia. A outra subespécie, *Coturnix coturnix coturnix* japonica, é a codorniz japonesa; aninha-se na Ilha *Sakhaline* e no arquipélago japonês e migra para o Sião, Indochina e Formosa. Foi esta segunda espécie que foi domesticada há muito tempo no Japão e importada para a Europa e para os Estados Unidos.

A codorniz domesticada e selvagem é facilmente reconhecida pela sua estrutura, pelo canto dos machos que é muito diferente em ambas as raças e pelos detalhes da plumagem: no macho, a cor do peito e do queixo são muito mais constantes na raça doméstica do que na selvagem, enquanto que nas fêmeas as penas da mesma região são manchadas de preto na codorniz doméstica e pálidas na selvagem.

A codorniz doméstica é uma ave pequena com um peso de aproximadamente 150 g para a fêmea e 120 g para o macho, com uma forma arredondada. O pintinho de codorniz durante seu nascimento é minúsculo e seu peso é de 10 g em sua maioria, aqui na Venezuela é chamado ¨Cotupollo¨.

Tem uma faixa listrada ou mosqueada com faixas pretas e um crescimento muito rápido. O ovo de codorniz é ovóide e pode medir 3 cm, sua largura um pouco abaixo de 2,5 cm. A cor e o padrão do ovo variam muito de postura para postura. (Pigmentação do ovo).

Deve-se reconhecer que a codorniz doméstica tem algumas particularidades que a tornam superior em avicultura a qualquer outra galinácea conhecida; o desenvolvimento embrionário é de aproximadamente 15 a 16 dias, portanto, é extremamente rápido, a postura é muito precoce e os indivíduos são adultos a partir da idade de cinco semanas. Em condições especiais de iluminação, a percentagem de postura é de 80 por 100, ou seja, aproximadamente 300 ovos por ano para cada poedeira, em média. Uma codorniz fêmea põe quase três quilos de ovos por ano, 25 vezes o seu próprio peso, o dobro da produção de uma galinha poedeira. Criando um macho com duas ou três fêmeas por gaiola, é possível contar aproximadamente 80% dos ovos férteis, de modo a que sejam possíveis cinco gerações por ano. Antes da idade de 45 dias, uma codorna é comestível, pois pesa 120 g e não consumiu mais de 500 gramas de ração.

ILUSTRAÇÕES

1- Características da codorniz doméstica adulta, a fêmea à esquerda tem um peito com manchas negras enquanto o macho à direita tem um peito bronzeado.

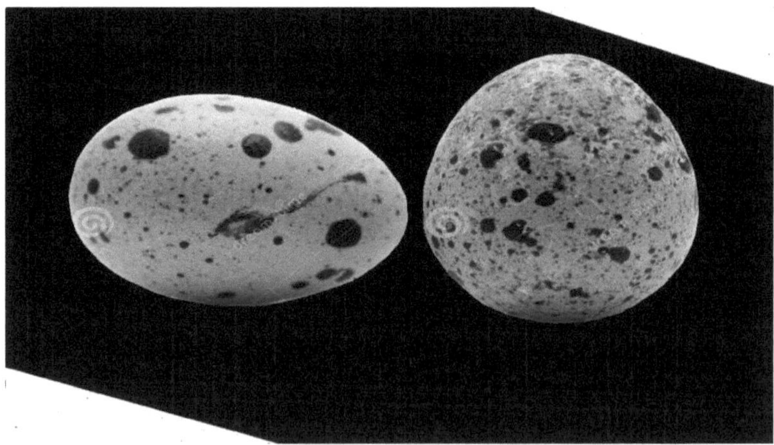

2- Aparência dos ovos, são manchados (pigmentação) e a sua cor é uma característica distintiva de cada fêmea.

Unidade 2

MONTAGEM DAS INSTALAÇÕES

Sobre as instalações

É aconselhável colocar codornizes em espaços muito grandes onde haja boa iluminação e um sistema de ventilação adequado. Deve-se notar que este tipo de ave não requer realmente um grande espaço, ao contrário de outras aves, como frangos, frangos de carne, perus, etc.

Existem diferentes formas de organização ao iniciar a produção, se você quer começar grande e tem animais suficientes, então eu aconselho você a construir um galpão onde você pode colocar uma boa quantidade de gaiolas na forma de baterias, esta forma de organização é muito mais eficaz, desta forma você ganha espaço suficiente. Além disso, cada bateria pode conter de 5 a 7 gaiolas especiais para camadas.

A outra disposição particular das gaiolas que eu uso é a forma linear ou horizontal, elas são amarradas às vigas do teto e a cada extremidade das gaiolas, este sistema tem sido muito eficaz quando se trata de colocar a ração, recolher os ovos e limpar os resíduos. Se compararmos o trabalho com as gaiolas em bateria e as gaiolas lineares há uma grande diferença, a primeira é a recolha de ovos, enquanto que a pessoa que recolhe os ovos nas gaiolas em bateria tem de o fazer gaiola a gaiola, de cima para baixo ou vice-versa, a que o faz nas gaiolas horizontais é muito mais eficiente e rápida, e isto aplica-se à colocação de ração e água. Por outro lado, se você olhar para a parte da limpeza, o lixo cai diretamente nos canais sob as gaiolas; vale mencionar que não inclui bandejas de lixo como as usadas nas baterias, todo o lixo vai para um poço ou, no meu caso, para os canais que vão diretamente para os esgotos.

Como se pode ver nas imagens seguintes, existem vantagens e desvantagens em termos de organização. As baterias permitem-nos aproveitar ao máximo o estabelecimento porque não ocupam espaço, enquanto que as gaiolas colocadas horizontalmente reduzem-no.

3- Gaiolas para codornizes dispostas em baterias para maximizar o uso da casa.

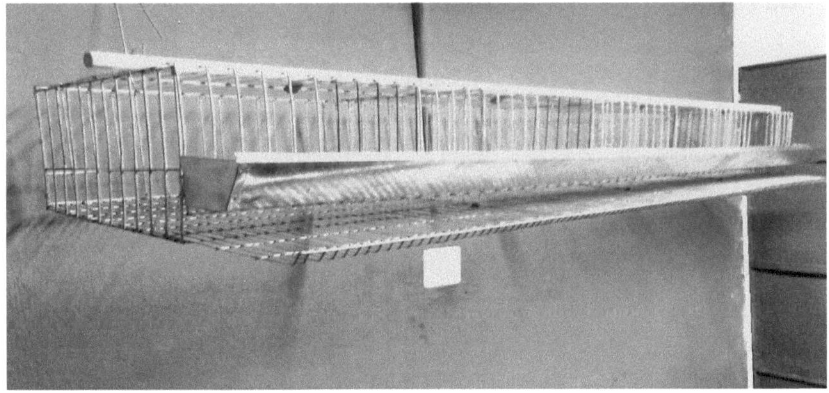

4- As gaiolas de codorniz dispostas em linhas ou horizontalmente, note que estão totalmente penduradas no teto e o piso não usa bandejas. Os excrementos vão directamente para a carcaça.

Note que as jaulas colocadas desta forma permitem-nos ter um número de codornizes por metro quadrado inferior ao sistema de bateria mostrado na figura número 3.

Esta fotografia mostra a forma correcta de construir uma casa de codornizes.

Da circulação de ar e do ambiente.

A **codorniz *Coturnix* ou japonica** é uma ave extremamente sensível às mudanças atmosféricas, portanto, recomenda-se que o clima ideal esteja entre os 20º no inverno e qualquer mudança brusca de temperatura deve ser evitada. Por outro lado, quando chegar a hora do nascimento dos Cotupollos, é necessário ter um quarto preparado especialmente para eles, as mudanças de temperatura durante a incubação e no momento de retirá-los da incubadora devem ser mantidas quase que similares, ou seja, no local onde as aves recém nascidas vão ficar, deve haver um ambiente semelhante ao que acabam de deixar. Se, por outro lado, as crias não estiverem suficientemente quentes, poderão ser afectadas durante a primeira semana, resultando num número considerável de mortes.

O Cotupollo é uma ave extremamente delicada neste sentido, o oposto do anterior, é que se o calor é gerado em abundância, eles próprios procurarão afastar-se para não sufocar, por isso deve haver um equilíbrio na temperatura, nem demasiado frio nem demasiado quente, estranhamente, os próprios pintos vão mostrar-nos quando se sentem confortáveis num lugar, basta observar o seu comportamento diário.

No caso de codornizes adultas, as instalações devem ser climatizadas, com boa iluminação e fluxo de ar adequado. V. Rodrigo & B. Hugo 2007 (p. 21) ¨Inside a casa, a temperatura ideal varia de 13 a 23 ºC. A livre circulação do ar deve ser permitida e a ventilação é controlada por cortinas. A principal função da ventilação é remover gases amoniacais e controlar o vapor de água (humidade relativa), para ajudar a manter a temperatura dentro dos limites toleráveis para a ave. ¨

Como se pode ver, estes autores salientam que as correntes de ar devem ser dosadas nos galinheiros, pois isso permitirá uma maior evacuação de todo o amoníaco produzido pelos excrementos das aves e, ao mesmo tempo, esse controle também nos ajudará a prevenir possíveis doenças que possam surgir.

Do lugar certo para Cotupollos

Para voltar ao tema da eclosão, pode-se notar que, na medida do possível, deve haver assepsia total por parte do gerente da fazenda ou do pessoal. Quando os pintos são retirados do incubatório, deve ser preparada uma sala suficientemente iluminada e espaçosa onde serão colocados; não deve haver falhas de energia, especialmente em regiões muito frias, pois a ave não está em condições de suportar a ausência de calor durante a fase inicial. Neste sentido, se não houver uma fonte de alimentação estável, é aconselhável tomar as seguintes precauções: ter um gerador para manter a iluminação.

Se não houver gerador e houver um momento crítico em que não haja temperatura alta, os filhotes procurarão imediatamente se aglomerar para se aquecer, o que resultará em uma alta taxa de mortalidade. Para evitar esta má experiência, vou recomendar o seguinte:

a) Se for previsto um quarto, tente fechar todos os acessos aos cantos, caso contrário todas as codornizes procurarão se reunir em um dos cantos no momento da falha de energia e morrerão por asfixia.

b) Procurar meios alternativos de gerar electricidade de forma contínua para manter as incubações e especialmente o calor no Cotupollos.

c) Construa uma sala circular ou, se tiver um canil pequeno, construa sinos onde eles possam ficar seguros e quentes.

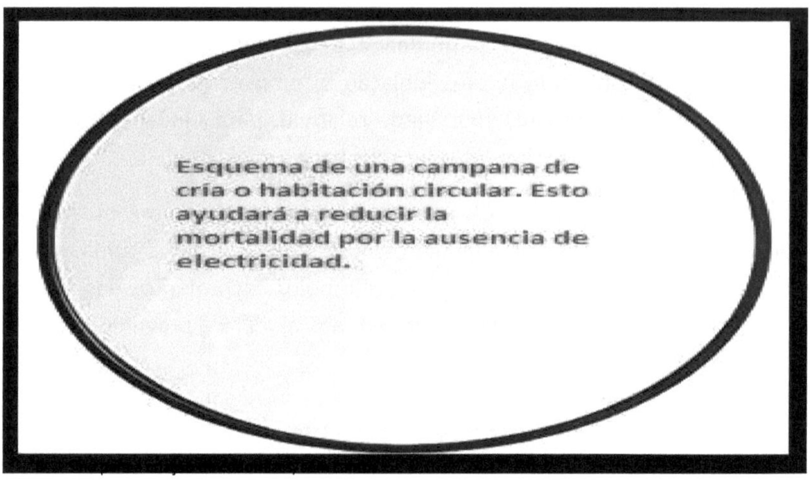

6- Sala circular com sistema de iluminação para a criação de Cotupollo.

A base da boa criação reside na construção de instalações apropriadas, este simples segredo dificilmente ninguém sabe e certamente nenhum criador lhe dirá. Com este sistema consegui reduzir para 95% as mortalidades causadas por deficiências no fornecimento de electricidade. Seguir estas orientações simples irá ajudá-lo no seu processo de criação de Cotupollo.

De gaiolas para codornizes

Existem diferentes tipos de galolas, como as feitas à mão, que são criadas por indivíduos e as outras que são geralmente utilizadas para a criação de codornizes em grande escala. Para iniciar uma granja de reprodução e obter um espaço ideal para trabalhar, é aconselhável utilizar o sistema de gaiolas fabricado pelas empresas, seu nome é "Roll *Away"*, são construídas em varas de arame com solda elétrica, com um espaçamento de 2,5 cm entre os arames para que as aves possam se alimentar adequadamente, e da mesma forma o piso é construído com o mesmo material deixando uma pequena abertura de 10 mm que permite a passagem dos excrementos para a bandeja ou para as carcaças. Este tipo de gaiola vem com a bandeja de coleta de ovos, em alguns casos com uma inclinação de 5 graus para permitir o deslocamento suave dos ovos.

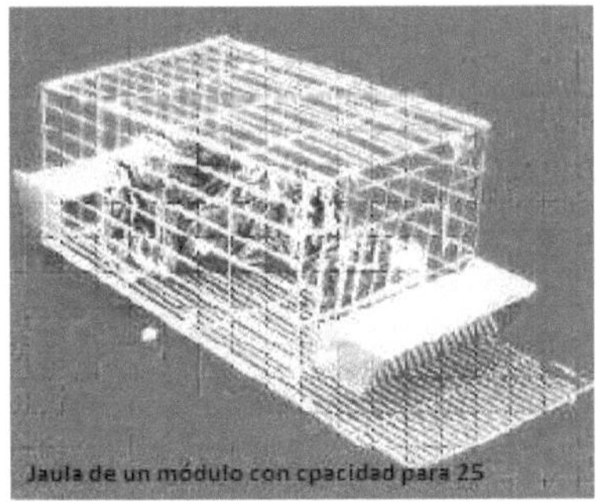

7- A figura mostra o tipo de gaiola utilizada para a produção de ovos.

As gaiolas fabricadas nas empresas já vêm com um padrão, geralmente uma gaiola pode medir 100 cm de comprimento, 50 cm de largura e 25 cm de altura e tem capacidade para abrigar de 20 a 25 aves adultas por módulo. Desta forma, a capacidade pode ser utilizada ao máximo para formar baterias e, assim, ser capaz de colocar mais animais por metro quadrado. V. Rodrigo & B. Hugo 2007 (p. 24) ¨The As baterias são constituídas por 15 gaiolas empilhadas, formando 5 andares de 3 gaiolas cada, de modo que as baterias abrigam entre 225 e 300 codornas, dependendo do tipo de raça utilizada ¨.

Eu pessoalmente nunca coloco mais de 20 codornizes em cada divisão, pois elas precisam de espaço, e é sempre recomendável que elas sejam desordenadas, especialmente se forem animais reprodutores. Além da bandeja de recolha de ovos, algumas das gaiolas já estão desenhadas com um suporte dentro do chão que serve de suporte para a bandeja de recolha de excrementos no caso de querer utilizá-la para formar baterias, evitando assim que os excrementos das gaiolas superiores caiam sobre as gaiolas inferiores. A gaiola inteira é projetada para que a alimentação e o abastecimento de água não entrem em contato com os excrementos de codorniz ou excrementos de codorniz.

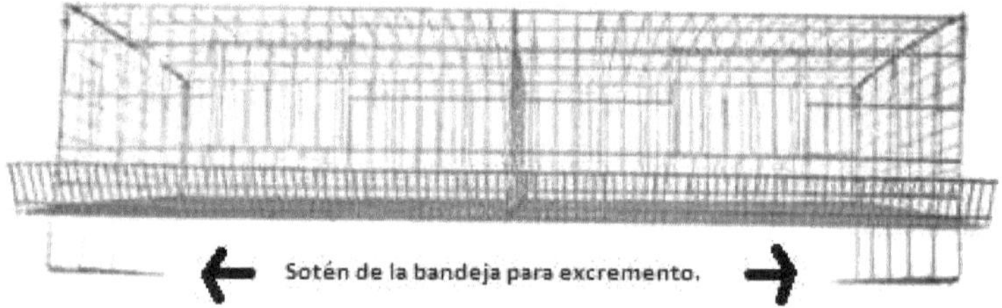

8- Parte inferior da gaiola de codorniz, segurando a bandeja de recolha de excrementos.

Das fontes de bebida

Os bebedouros são geralmente feitos de plástico, pois este material permite a eliminação da corrosão gerada pela água quando são utilizados bebedouros metálicos, estes últimos não os recomendo de todo.

Tipos de bebedouros

As mais comumente usadas em pequenas fazendas ou fazendas familiares são lineares ou com nervuras e podem ser colocadas ao longo do comprimento da gaiola na parte de trás da gaiola. O outro sistema de beber utilizado nas codornizes adultas é o tipo de gotejamento onde a ave coloca o bico sobre a gota de água que sai de uma válvula e ingere o que é necessário para se manter hidratada. Este tipo de bebedouro é alimentado por um sistema de mangueiras ligadas a um tanque onde a água desce por gravidade, a ave toca na pequena válvula e liberta automaticamente o líquido. As vantagens deste sistema são que a água é mantida limpa. Finalmente, no caso do Cotupollos, os bebedouros utilizados são do tipo copo, o que permite ao bebé não entrar na água, mas sim ingerir o que é necessário, é de notar que este tipo de bebedouro é um dos mais seguros que existem para os pintos.

Dos comedouros

Há uma grande variedade de alimentadores e bebedouros, mas um dos mais utilizados são os alimentadores lineares ou canais, que são feitos de alumínio, aço inoxidável, zinco ou chapas plásticas, e suas dimensões variam de acordo com a idade dos animais. A nível macro, os dispensadores de alimentação chamados funis são responsáveis pelo fornecimento de cada casa por meio de sistemas mecanizados que fornecem a alimentação de forma controlada.

Equipamento	Alimentador de 32 aves / metro linear. Bebedouro fluído por 32 aves / metro linear. Bebedouro para 6 pássaros.
Densidade	60 / 64 pássaros / m2 em cada andar. 10 a 16 aves por compartimento.

Tabela extraída do livro Enterprise Field Management p. 28

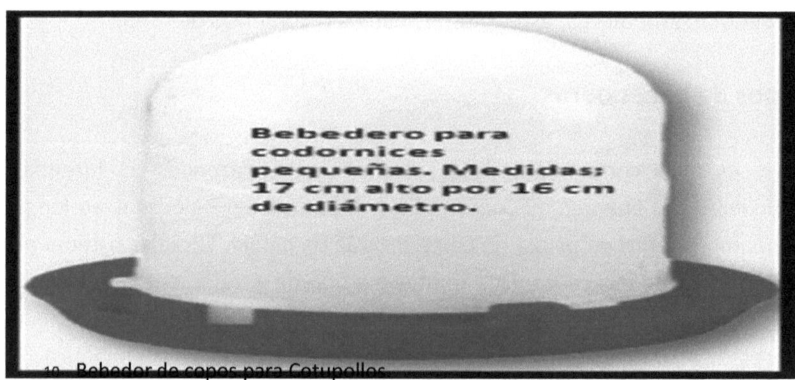

10. Bebedor de copos para Cotupollos.

11- Bebedores automáticos de gotejamento.

12- Os bebedores de plástico também podem ser usados como alimentadores em vez dos bebedores de metal convencionais.

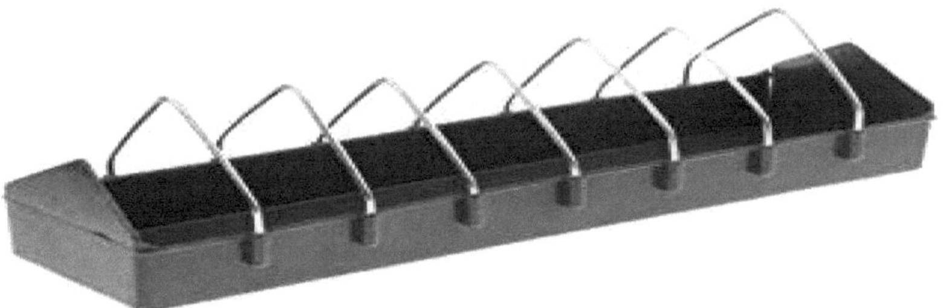

13- Alimentador para codornizes adultas.

14- Alimentador para Cotupollos.

Codorniz: codorniz bebé, geralmente com até 3 semanas de idade.

Unidade 3
NUTRIÇÃO DAS CODORNIZES

É da maior importância alimentarbem as aves, pois isto é essencial para obter um bom resultado na hora de recolher os ovos e o rápido crescimento dos Cotupollos. A codorniz Coturnix ou japonica requer um alimento especial para o seu desenvolvimento, como eu disse antes, durante a fase inicial, os pintos são muito susceptíveis a mudanças de temperatura, mas outro fator que tem um impacto e é muito delicado para eles é a comida, certamente o momento mais crítico, porque não é qualquer tipo de comida que serve. Para aqueles que estão começando no mundo da criação de codornizes pela primeira vez, é necessário conhecer muito bem as necessidades nutricionais; para a codorniz recém-nascida, o alimento chave para o seu rápido desenvolvimento é o "fermento vitaminado", um Cotupollo no momento de eclodir a única coisa que ele requer é gordura abundante, porque o que queremos é crescimento e manutenção até a sua fase adulta. O tipo de alimento que eu uso é ¨Souto Vitaminado starter¨, certamente em outros países esta empresa está produzindo este produto, eu o recomendo altamente.

Para a codorniz comercial adulta de postura, é necessária muita fibra na ração e não tanta gordura, caso contrário, se estamos a prepará-la para engorda, nesse momento, já teríamos codornizes para consumo humano. G. Lucotte 1985 (p. 29) afirma o seguinte: "As necessidades nutricionais são diferentes para as codornizes, as codornizes de frango de carne e os reprodutores...¨ Isto mostra as diferentes necessidades nutricionais para cada tipo de ave. Muitas pessoas cometem o erro de dar o mesmo tipo de alimentação para todas as codornizes, e não é aconselhável fazê-lo.

> ...No caso das codornizes, a ração deve cobrir as necessidades de crescimento e manutenção; no caso das codornizes de frango de carne, deve cobrir o ganho de peso e a manutenção suplementar; finalmente, no caso dos reprodutores, deve cobrir as necessidades de criação e postura, bem como as necessidades de manutenção. (Página 29)

Em todas as três partes, o conteúdo energético da ração dependerá muito da composição, mas principalmente dos produtos químicos utilizados e especialmente dos antibióticos utilizados na ração para os pintos. G. Lucotte 1985 (p. 30) afirma que existem três tipos de rações comerciais disponíveis para os criadores ¨...Será de grande interesse para o criador utilizar rações comerciais. Existem três tipos de ração no comércio, ração para galinhas de codorniz, ração para codorniz de frango de carne e ração para reprodutores.¨.

Durante as primeiras 4 semanas as codornizes estão consumindo a ração iniciadora vitaminada, recomendo fazer a transição da ração iniciadora para a ração em camadas após 4 semanas, misturando ambas as rações todos os dias com uma proporção maior para a camada. Neste sentido, é necessário salientar que, uma vez que as codornizes estão na fase de postura, os alimentos que estão sendo fornecidos não devem ser trocados por outra marca, devem ser contínuos até o final do ciclo de postura, se o mesmo tipo de alimento que está sendo dado for interrompido abruptamente a partir da 5ª semana para outro, eles interromperão automaticamente a postura por cerca de 15 dias até se adaptarem ao novo alimento. Isso acontece porque os componentes da ração são diferentes. Se você vai fazer uma mudança na alimentação das codornizes poedeiras por qualquer motivo, você deve ter em mente que essa mudança deve ser gradual, e não direta.

> A transição da ração da galinha para a ração da codorniz de engorda deve ser feita gradualmente ao longo de vários dias, passando de duas partes de ração da galinha para uma parte de engorda, depois uma parte de ração da galinha para duas partes de engorda, e finalmente apenas ração de engorda. Durante os trinta dias de engorda, a codorniz deve ser literalmente alimentada com ração para atingir o seu peso o mais rápido possível. (Página 31)

Como pode ler, a transição para outra alimentação deve ser gradual, nunca deve haver uma mudança total, a menos que seja uma ave de engorda ou simplesmente da fase de postura das codornizes bebés, isto também se aplica às aves poedeiras, se não se sentir confortável com uma determinada alimentação ou simplesmente não conseguir uma determinada marca no mercado por alguma razão e quiser que as suas codornizes continuem a postura, então deve ter um bom stock da alimentação que está a utilizar e iniciar a mudança para a nova alimentação de forma gradual.

A ração "ponedora" utilizada regularmente aqui na Venezuela para a criação de codornizes é a ração em pó de Alimentos La Caridad, assim como a ração de codorniz protinal ou Souto ponedora em pó. Existem outras marcas, mas devido aos problemas das empresas para produzir a ração causada pela falta de moeda estrangeira e a deterioração econômica, estes produtos se tornaram escassos, muitas fazendas tiveram que parar de operar definitivamente.

Abaixo está uma tabela com os requisitos necessários para a nutrição das aves, esta tabela é tomada como referência de uma pesquisa feita por G. Lucotte em seu livro sobre criação de codornizes.

	Crescimento	Engordar	Reprodução
Energia Metabolizável, calorias / kg -------------------------------	2.820	2.820	2.800
Proteína bruta, % --------------	28,1	24	22,1
Gordura, % --------------	3,4	3,2	3,2
Celulose, % -----------------------	4,1	4,1	3,5
Fósforo assimilável, % -----------	0,67	0,50	0,44
Calcio -----------------------------	1,26	1,03	2,10

Tabela das necessidades nutricionais médias de frangos de codorniz, codornizes de frango de carne e poedeiras.

Uma codorniz adulta pode consumir um total de 22 gramas de ração por dia. Como você pode ver, a codorniz Coturnix Coturnix ou japonica é uma ave extremamente econômica para se manter, e é por isso que muitas pessoas são atraídas para iniciar uma fazenda de criação para fins comerciais, representa um grande negócio, pois deixa uma grande margem de lucro.

Ração: ração seca dada aos animais.

Unidade 4

COTURNIX COTURNIX

TAXONOMIA

Muito se fala sobre a classificação da codorna, mas a verdade é que não é nada fácil reconhecer o macho e a fêmea, mesmo entre os criadores experientes de codorniz. Para começar, a primeira coisa a dizer é que existem diferentes tipos de sexagem; pela cor da plumagem, pela asa e pela cloaca, estes são basicamente os mais utilizados pelos criadores.

Sexo por cor de penas.

Este método de classificação do animal pode ser visto a olho nu, pois o macho tem penas de cor canela vermelha por todo o peito, isto é acompanhado por queixo quase sempre da mesma cor, seu peso é de aproximadamente 100 gramas e na parte superior da cloaca tem uma glândula seminal avermelhada que quando espremida libera imediatamente uma espécie de espuma branca, que é o sêmen. O canto profundo do macho é outra característica, assim como a sua hiperactividade sexual. No entanto, a fêmea tende a ser um pouco mais dócil, pesando cerca de 120 gramas, e sua plumagem mamária é totalmente cinza com manchas pretas. Ao contrário do macho, ela não tem plumagem vermelha canela e seu canto é imperceptível.

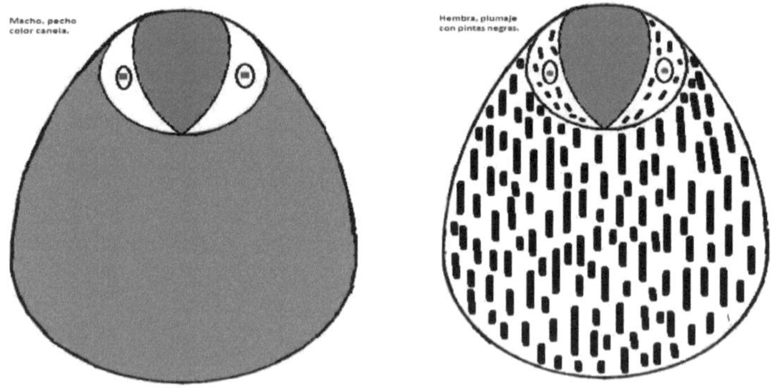

15- À esquerda, o macho com peito vermelho e a fêmea à direita com manchas pretas.

Sexo com asas.

Esta forma de sexar a ave é uma das mais práticas, com uma taxa de erro de apenas 95% quando se trata de classificá-las, basta pegar uma asa pela ponta e espalhá-la, em seguida, proceder para verificar a paridade da penugem na parte de trás da asa. Neste sentido, as fêmeas ao nascer têm as penas da parte superior mais curtas do que as da parte inferior, ou seja, formam uma espécie de linha dupla em forma de escada, que permanece inalterada até a idade adulta. No caso oposto temos o macho, que mantém o mesmo comprimento das descidas desde o nascimento até a idade adulta ou simplesmente as descidas superiores superam as descidas inferiores, ou seja, as descidas superiores não estão dispostas em forma de escada, mas as superiores têm o mesmo comprimento que as inferiores ou superam-nas.

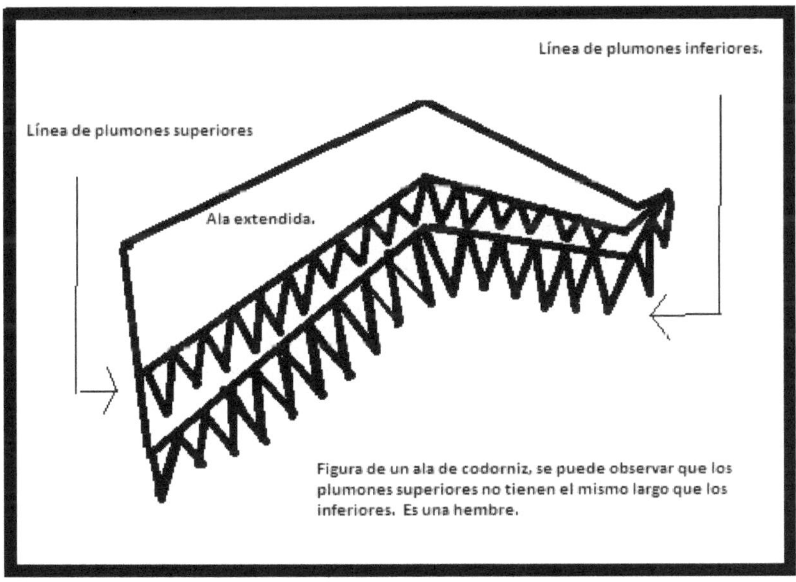

16- Extensão da asa da codorniz fêmea.

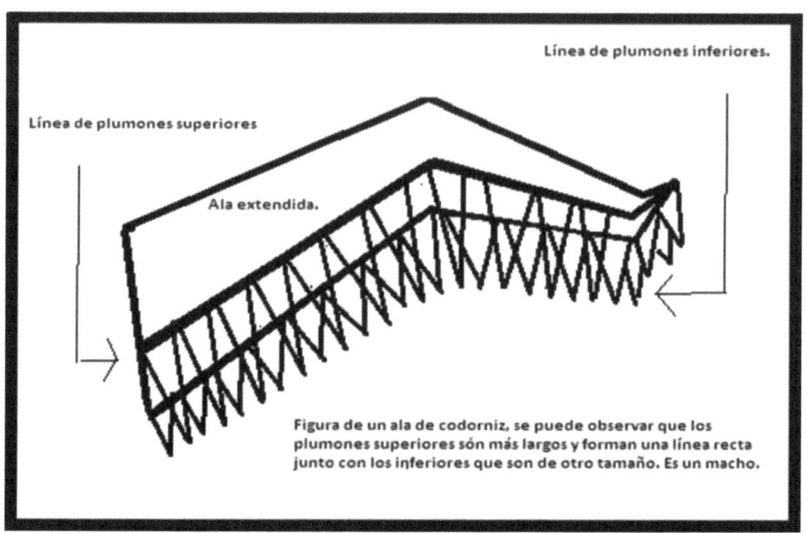

17- Asa estendida de uma codorniz masculina.

A fazer sexo através do esgoto.

Este tipo de classificação é um pouco mais complicado, pois requer muita acuidade visual e sendo um especialista, nem todos podem realizar este procedimento. A maioria dos criadores não está muito interessada em divulgá-la, pois muitos deles querem manter este tipo de classificação em segredo. Abaixo estão algumas figuras mostrando as características do macho e da fêmea que são de grande importância.

No caso das fêmeas recém-nascidas, quando a cloaca é verificada, pode-se notar uma espécie de "U" nos seus genitais, enquanto o macho apresenta uma espécie de "Y" ou bico nos seus genitais.

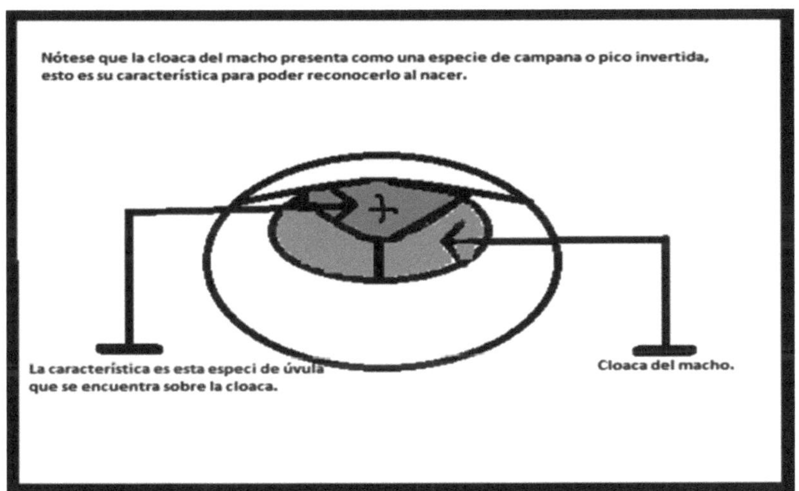

18- Codorniz masculina.

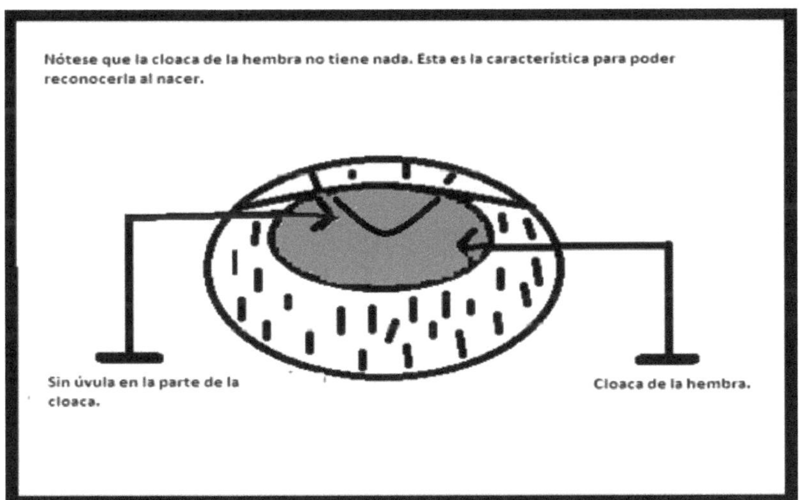

19- Codorniz fêmea.

Unidade 5
SOBRE REPRODUÇÃO

Reprodução e selecção de reprodutores.

Para conseguir um bom bando reprodutor são necessários muitos fatores, um dos mais importantes é o tipo de macho ou poult a ser utilizado, que deve ser uma ave em boas condições físicas. Por outro lado, a alimentação é extremamente importante, pois a energia do macho é necessária para o acasalamento, e sem uma boa alimentação a fertilidade dos ovos não será garantida no momento da incubação. Em muitos casos, as codornizes são seleccionadas por criadores que vão até à sua marcação por idade, peso e condição, através de um pedigree. No seguinte G. Lucotte descreve o procedimento para a selecção de aves reprodutoras.

> O sucesso de uma criação depende, em princípio, da qualidade do efectivo reprodutor, que deve ser adquirido a um criador especializado na produção de estirpes de alto rendimento. De fato, a produção de linhagens requer uma instalação especial e um trabalho intensivo; as condições ideais são alcançadas quando o criador faz a criação de pedigree, e quando cada genealogia é acompanhada individualmente, o que implica a adaptação de anéis aos adultos e pintos, assim como a marcação dos ovos... (p. 37).

Através deste método pode ser determinado que uma grande parte dos criadores monitorizam constantemente as aves para assegurar uma boa reprodução, o que resultará numa alta percentagem de fertilidade dos ovos e num alto nível de eclosão.

Crossbreedura entre o mesmo sangue.

O acasalamento entre a mesma família de aves deve ser evitado por todos os meios possíveis, pois isso quase sempre leva a malformações ou degeneração genética; codornizes com bicos tortos, sem olhos, com pernas tortas, etc. Muitas vezes, devido à falta de controle adequado nos módulos adultos, cria-se um cruzamento entre pais e descendentes ou entre irmãos, resultando em codornizes com problemas. A recomendação geral para evitar este problema é controlar a taxa de natalidade e os grupos familiares. Se isto não for feito, aumenta o risco de uma elevada percentagem de mortalidade durante o desenvolvimento embrionário, eclosão e uma diminuição da produção de ovos.

Comportamento masculino.

O macho é um animal altamente territorial e muito agressivo para com os seus pares do mesmo sexo, e também é sexualmente activo, acasalando muitas vezes com a mesma fêmea ou com um certo número de fêmeas no seu ambiente. G. Lucotte 1985 (p.38) afirma that¨....quando vários machos são criados juntos, uma hierarquia é estabelecida entre eles. O macho dominante tem prioridade sobre os machos dominados por todas as vantagens; alimentação, bebida, acasalamento com as fêmeas...¨.

Quando lutam entre si pelo domínio territorial, geralmente são infligidas feridas nos olhos, genitais, cabeça e até mesmo a perda de penas, levando à morte em muitos casos. Por outro lado, ao acasalar, o macho geralmente agarra a fêmea pela cabeça usando seu bico e poleiros nas costas dela, depois traz sua cloaca para perto da fêmea. Tudo isso acontece em poucos segundos, o macho dominante vai pegar a primeira fêmea que tem à sua disposição e forçá-la a permitir que ele a monte.

O nível de fertilidade e organização nos módulos.

A capacidade de acasalamento de cada macho é inesgotável, geralmente para obter um bom resultado de eclosão cada macho pode suportar um máximo de 5 fêmeas, com esta quantidade a percentagem de fecundidade é relativamente alta enquanto que se o número de fêmeas por macho for reduzido, esta percentagem aumenta para quase 100%. Muitos criadores aconselham o uso de 3 fêmeas por macho e isso não deve ser criticado, pois o que eles querem é obter um alto nível de eclosão, mas o desgaste das fêmeas causado pela atividade sexual do macho é considerável.

Neste sentido, é possível desenvolver diferentes formas de organizar os módulos de modo a obter um bom resultado de nascimento. O primeiro caso é o seguinte:

a) **Módulos** individuais: esta é a forma mais comum em incubadoras de baixa quantidade e uso não comercial, sua característica é simples, um macho e uma fêmea determinam o alto nível de fecundidade, o macho é colocado de manhã e removido após cerca de 30 minutos todos os dias, isto também ajuda a verificar se é um bom garanhão ou se, pelo contrário, tem que ser substituído por um mais novo.

b) **Módulos coletivos**. Em cada um dos dois módulos que compõem uma gaiola de *enrolar,* podem ser alojadas no máximo 30 aves, ou seja, são introduzidas 20 fêmeas com 10 machos a fim de garantir uma percentagem regular de fertilidade. Isto é utilizado em explorações de alto nível, uma vez que o número de animais é superior ao das pequenas explorações e a individualização dos casais é praticamente impossível. Os efeitos negativos deste tipo de procedimento coletivo são a alta probabilidade de rivalidade entre os homens.

c) **Módulo para pequenos grupos**. Este procedimento é utilizado com um número de 3 a 5 fêmeas por macho num pequeno espaço de módulo, isto evita a luta entre os machos e eleva mais o nível de fecundidade em comparação com o módulo utilizado de forma colectiva.

Outras características nos jogadores.

Para a selecção de um bom criador é necessário destacar as seguintes características que, segundo Vasquez e Ballesters 2007 (p. 34), a seguir se expõem:

Machos: construção forte e bem proporcionada, animados, com plumagem completa e em bom estado. Penas de cor escura e canela do peito. Tão intenso quanto possível. Bico preto, aparelho genital com uma protuberância avermelhada, do tamanho de um grão de bico.

Fêmeas: bem proporcionadas e com plumagem escura, cheia e brilhante. Pescoço alongado e cabeça pequena.

O efectivo reprodutor deve, se possível, ser renovado todos os anos.

Ciclo de vida

Este é o período entre a eclosão da codorniz e o fim da sua produção de ovos e consiste em três fases:

- Reprodução de 0 a 3 semanas de idade; nesta fase, o manejo da fase reprodutiva é definitivo.
- Ascensão: de 4 a 7 semanas de idade.
- Postura: 8 a 60 semanas de idade.

Para obter um bom resultado na produção de ovos e codornizes, deve-se levar em conta, entre outras coisas, a temperatura ambiente, espaço adequado, boa alimentação, tempo de armazenamento dos ovos antes da incubação, as condições físicas dos reprodutores, etc. Todos estes detalhes tornam possível o desenvolvimento eficiente de um bom estoque de reprodutores.

Sobre o nascimento dos cotupollos.

Durante o processo de coleta dos ovos férteis, é importante levar em conta a formação dos ovos e, especialmente, o período de armazenamento dos ovos. O período de incubação é de 16 dias a partir do dia de postura na incubadora, começando a incubação em muitos casos a partir do dia anterior à data prevista. Todo este processo ocorre em condições normais, ou seja, o tempo de coleta dos ovos férteis não deve exceder o número de dias estipulado.

Hora da recolha dos ovos férteis.

O tempo ideal para a sua colocação na incubadora é de 5 dias no máximo, não se recomenda ultrapassar este tempo.

Na incubação

A incubação mais comumente utilizada por criadores amadores e profissionais é a incubação por incubadoras, que é um sistema de incubação artificial e varia no número de ovos utilizados e na sua capacidade. As incubadoras são na sua maioriaeléctricas, mas também são utilizadas incubadoras a gás ou parafínicas. O principal fator a destacar é que as incubadoras vêm substituir a ave durante todo o processo de gestação, a mãe artificial ou incubadora deve manter todas as condições internas tais como: o nível adequado de umidade, a temperatura (de 37º a 38º) e a ventilação para um bom desenvolvimento embrionário.

> Temperatura: Nas incubadoras verticais a temperatura deve ser de 37,5° e 38°. A temperatura nas incubadoras horizontais deve ser ligeiramente superior, até 39°C devido à perda de calor.
>
> Umidade: em ambos os casos a umidade deve ser de 40 a 50 por 100.
>
> Ventilação: as incubadoras verticais e horizontais também são diferenciadas pelo modo de ventilação, enquanto no primeiro tipo a circulação do ar é feita através de orifícios de ventilação, no segundo tipo o ar é agitado mecanicamente dentro do aparelho e depois é a ventilação dinâmica. Lucotte G. (p. 55/56)

Ovos dentro da incubadora.

Durante o processo de recolha e antes da incubação, os ovos de codorniz devem ser cuidadosamente espalhados na bandeja, pois são muito frágeis e devem ser verificados quanto a fissuras na casca para evitar a contaminação da incubadora. Isto acontece frequentemente devido a um mau manejo ou simplesmente devido ao peso dos últimos ovos no fundo durante o armazenamento, fazendo com que eles rachem.

Selecção de ovos para incubação.

Os melhores ovos para incubação são aqueles com um alto nível de brilho da casca e um alto nível de pigmentação. Os ovos com fissuras ou uma alta percentagem de fragilidade quando manuseados devem ser descartados, sendo estes últimos reconhecíveis por uma cor pálida ou esbranquiçada ou simplesmente por uma falta de casca no momento da recolha, que é causada pela falta de cálcio.

Os primeiros 3 dias.

Durante este tempo, a incubadora não deve ser aberta, uma vez que o processo de desenvolvimento do embrião está começando.

Procedimento de incubação.

Uma vez aberta a incubadora no terceiro dia, deve ser deixada completamente aberta para que os ovos possam ser arejados. Deve-se lembrar que o que está sendo feito é substituir a mãe por uma incubadora e devemos assemelhar-nos o mais possível ao processo natural de incubação de uma galinha. Para virar os ovos de codorniz e se a incubadora não tiver um mecanismo para virar os ovos automaticamente, basta colocar a mão sobre eles com muita suavidade e começar a fazer círculos para virá-los. Este processo pode ser feito a cada 3 horas durante o dia ou de manhã, ao meio-dia e à noite.

Revisão do desenvolvimento embrionário.

Para verificar se o ovo está formado e foi inseminado pelo macho no 10º dia, pode ser verificado através de um ocoscópio. O procedimento é muito simples: se os óvulos estão claros à luz durante estes dez dias, significa que não foram fecundados, mas se, pelo contrário, se pode ver a formação de terminações de sangue, então isto significa que o embrião se formou.

Em condições normais de incubação, existem dois tipos de mortalidade embrionária, o primeiro, significativo, durante os primeiros dias de desenvolvimento, e o segundo, menos significativo, durante os últimos dias.

A mortalidade da casca nos estágios posteriores de desenvolvimento e alongamento do período de incubação são sinais característicos de não conformidade com a temperatura e umidade no momento da incubação ou eclosão. O mesmo se aplica a certas anomalias em pintos de codorniz (casca presa ao chão, patas tortas, dedos dos pés tortos), cujo número excessivo deve alertar o criador. Lucotte G (p. 58)

De eclosão e nascimento.

Desde o momento da manipulação até ao 14º dia o processo de desenvolvimento embrionário é vital e, por isso, após este último dia os ovos não devem ser tocados até ao início da eclosão, é de notar que a incubadora deve ter água suficiente na bandeja para garantir a humidade necessária. No final do processo de incubação, um nascedouro deve estar disponível para permitir a passagem dos recém nascidos, a fim de manter sua temperatura e evitar a contaminação da incubadora.

Manutenção do incubatório interno.

O incubatório deve ser totalmente asséptico, Isto irá evitar que qualquer bactéria reduza ou danifique o nascimento. O uso de creolina é recomendado para a desinfecção após cada eclosão.

Unidade 6

PRODUÇÃO EGG

Produtividade das mulheres

A codorniz é um animal altamente produtivo e econômico no consumo de ração, seu ciclo de produção é incrível, durando até um ano a partir do primeiro ovo posto na semana 7. O bom desempenho é obtido até os primeiros 6 ou 7 meses, após esse período, a postura começa a cair um pouco, por mais que muitos criadores os deixem até um ano de idade e até mais. Este último não é aconselhável, pois não é rentável para nosso benefício comercial alimentar uma ave sem obter o benefício principal, que é o ovo.

A iluminação dentro do barracão.

Para obter um bom resultado na hora da coleta diária dos ovos, a maioria dos criadores deixa os bulbos ligados durante toda a noite, porém, isso também pode acelerar a deterioração da ave, pois ela não tem um período relativo de descanso. Excelentes resultados podem ser obtidos mesmo sem luz artificial, estes são desligados das 22h às 5h e o desempenho é óptimo.

Temperatura ambiente.

É uma parte muito importante da produção de ovos. As temperaturas irregulares levam a uma diminuição da postura diária, perda de penas, etc. O ambiente ideal para a codorniz é entre 18º a 22º ao longo do ano, sem variações.

Boa nutrição.

A alimentação é outra parte importante da criação de codornizes, no animal adulto, como especificado no início deste livro, é necessário um alto nível de alimentação para uma alta produção de ovos. A este respeito, todos os comedouros devem ser mantidos com muita ração, caso contrário isso levará as camadas a ficarem estressadas ou desesperadas por alimentos e a porcentagem de postura diária cairá drasticamente, resultando em uma perda de dinheiro.

Recolha de ovos.

Este é um processo muito delicado, e geralmente é realizado diariamente e todas as manhãs pelo pessoal que cuida deles. Perto do final do dia as aves começam o seu ciclo de postura, por isso não é recomendado ter contacto directo com elas durante este tempo. Por outro lado, os ovos recolhidos nas horas da manhã devem ser depositados em recipientes especiais, como caixas com fundos de espuma de borracha ou caixas especiais para ovos de codorniz, para evitar que o seu próprio peso se desfaça da casca extremamente frágil.

As imagens seguintes mostram os recipientes utilizados para armazenar os ovos com segurança, o material utilizado é plástico, tem a forma e tamanho ideais para garantir a sua conservação.

20- Caso especial para armazenar ovos de codorniz.

21- Os casos são vistos verticalmente.

Unidade 7

CRIAÇÃO DO COTUPOLL

Dados sobre o nascimento do cotupollo.

Este procedimento não deve alarmar as pessoas que estão começando no mundo da criação de codornizes pela primeira vez, pois a ave recém-nascida vem com uma reserva chamada (***gema***) que é capaz de resistir a este período de tempo sem comida. O objectivo é que a codorniz recupere do nascimento enquanto a sua plumagem seca lentamente. Finalmente, após o nascimento e após 24 horas, devem ser hidratados com uma solução (***soro***) antes de serem alimentados. Este último ponto não deve ser ignorado!

O cotupollo também deve receber uma ração muito boa para se conseguir um crescimento acelerado. A primeira semana é vital, pois é durante este período que a a ave está a descer e começa o processo de mudança para penas. A ração (fermento) deve ser totalmente vitaminada porque esta ave é muito delicada na sua fase de crescimento e qualquer ração de má qualidade leva à morte prematura, por isso é preciso ter cuidado com esta parte.

Formas de criar o cotupollo.

Há duas maneiras de criar pintos de codorniz, uma é a maneira caseira, a outra é se você tiver um estoque considerável de reprodutores para comercialização em larga escala. No primeiro, é muito comum ver as pessoas colocar pintos de codorniz em uma galinha pequena, mas este método é um pouco perigoso, pois a galinha quase sempre não reconhece os cotupolls e pode até matá-los. O segundo método é o mais recomendado e é usado em incubadoras de larga escala. No momento do nascimento, o cotupollo é colocado em salas com iluminação ou, como mencionado acima, a construção de uma capota para manter o calor dentro, que deve ser circular. Além disso, o chão deve ser coberto com casca de arroz para manter a codorniz sempre seca e quente.

23 - Cotupollos com 24 horas de vida.

Defeitos de nascença.

Certos pintos nascem com anormalidades que levam à morte. Na nossa experiência, isto é quase sempre genético e é causado pela mistura do mesmo sangue. Existem outros casos, por exemplo, que levam a que as pernas da codorna fiquem rígidas ou simplesmente torcer a cabeça para trás, tornando impossível manter o seu equilíbrio.

Unidade 8

CODORNIZES PARA CONSUMO HUMANO

As codornizes são uma das aves mais rentáveis que existem, ocupam pouco espaço e são altamente rentáveis economicamente, não só para a produção e comercialização de ovos, mas também para a sua carne, embora devido às suas características físicas não atinjam o peso de um frango de carne, destinam-se ao abate devido ao seu sabor muito particular. Na Europa e na Ásia são uma iguaria, por esta razão as pessoas criam-nos para dois fins, para a produção de ovos a nível comercial e para engorda, neste último o Coturnix Coturnix pode pesar entre 150 e 180 gramas dependendo da sua dieta e das condições demográficas, tal como as galinhas poedeiras, estas últimas podem ser criadas no chão ou em gaiolas colocadas sob a forma de baterias, o que mudaria é o tipo de ração a ser utilizada (*engorda em solo vitaminado*).

De acordo com Lucotte (1976 p. 71), rações de diferentes composições podem ser usadas para engorda, permitindo, dependendo do caso, ou economizar na ração, ou acelerar o desenvolvimento dos animais, ou ambos ao mesmo tempo.

Há duas maneiras de engordar uma codorniz japonica, uma das mais comuns é colocá-las no chão como qualquer outra ave, a outra é em gaiolas colocadas em baterias como poedeiras. Para a engorda no chão Lucotte 1976 salienta que ¨It permite o desenvolvimento dos músculos e a vivacidade dos animais...este tipo de criação necessita de uma área de superfície muito importante.

Por outro lado, o reprodutor em gaiola é a forma mais adequada de engorda de codornizes porque é necessário menos espaço para o seu desenvolvimento. Lucotte 1976 salienta que "no que diz respeito às dimensões, o uso de baterias é o mesmo que para os criadores. O dispositivo de **enrolar** é provavelmente inútil. Este tipo de criação permite uma considerável economia de espaço nas salas.

 A carne de codorniz é muito nutritiva mas na América não existe uma cultura gastronómica com esta ave, nestas latitudes parece ser algo muito selectivo e o seu consumo é reservado apenas nos restaurantes, ao contrário da Europa onde o consumo *per capita* é elevado, no nosso continente é ocasional.

Processamento de carne

Evisceração : a codorna pode ser comercializada inteira ou sem as entranhas, dependendo da demanda e das condições entre o produtor e o distribuidor.

Preservação: após serem abatidos e preparados, podem ser mantidos em local de baixa temperatura, como uma câmara fria ou congelador, o que evitará que se decomponham.

Embalagem: para conservação e conveniência, as codornizes podem ser colocadas em recipientes plásticos para transporte.

RECOMENDAÇÕES GERAIS

Muitos fatores precisam ser levados em consideração   na criação da codorna japonica, embora a codorna seja um animal altamente lucrativo em todos os aspectos e resistente a doenças, o seguinte deve ser levado em consideração:

1- Manter o máximo de espaço possível e bem condicionado para a criação do pássaro.
2- Manter a higiene nas instalações.
3- Fornecer uma boa alimentação tanto para Cotupolls como para aves adultas.
4- Para construir sinos para o levantamento dos Cotupollos.
5- Fornecer comedouros e bebedouros adequados para as codornizes.
6- No caso de Cotupollos e quando a energia se desligar, nenhum bebedor deve ser deixado dentro do capô, pois eles se aglomerarão em torno dele em busca de uma fonte de luz e morrerão por afogamento.
7- Deve estar disponível um gerador eléctrico para fornecer calor à incubadora e na campânula.
8- Tome uma saqueta de soro osmolar no momento de cada nascimento, se não a tiver, prepare um litro de água e adicione 3 colheres de sopa de sal com 1 ½ meia colher de chá de açúcar.
9- Vire os ovos na incubadora 3 vezes por dia ou mais.
10- As bandejas devem ter água suficiente para manter uma boa humidade no interior da incubadora.
11- Os ovos rachados, pequenos, com deficiência de cálcio e deformados devem ser descartados ao eclodir.
12- A incubadora deve ser desinfectada a cada nascimento.
13- Para uma boa desinfecção, use cloro ou lixívia.
14- Verifique sempre a temperatura nas incubadoras.
15- Evite mover os criadores de seus lugares, pois isso causa uma queda na postura.
16- As codornizes adultas devem ter um bom espaço para se movimentarem sem dificuldades na gaiola, evitando assim a propagação de doenças.

17-	As instalações devem conter sempre uma boa ventilação, o que evitará a acumulação de amoníaco.

18-	Os criadores devem receber um suplemento vitamínico na água pelo menos uma vez a cada 15 dias, um dos mais utilizados na Venezuela é o *Multivit*, e isto se aplica aos filhotes.

19-	A área de produção deve ser separada da sala de partos.

20-	Deve haver sempre uma boa iluminação.

21-	Deve-se ter cuidado com o tempo de coleta dos ovos férteis, para não exceder o tempo estipulado.

22-	Para saber se um óvulo é fertilizado, deve ser utilizado um ovoscópio. Recomenda-se verificar os óvulos após 10 dias de gestação.

23-	Um bom estoque de ração deve estar disponível em caso de abastecimento insuficiente. Não recorra à compra de rações artesanais, pois falta-lhe os suplementos nutricionais necessários e varia na sua composição química de lote para lote, e não mantém os padrões exigidos.

24-	As codornizes para fins de reprodução devem ser rodadas a cada seis meses, pois após esse período começam a diminuir a qualidade da produção, para as codornizes poedeiras comerciais isso pode ser estendido para 1 ano.

25-	A lavagem contínua dos bebedores resultará numa melhor higiene e na quase total eliminação de doenças.

BIBLIOGRAFIA

Rodrigo E. Vásquez R. & Higo H. Ballesteros C. **Manejo Empresarial del Campo. La Cría de Codornices (Coturnicultura)¨** Produmedios 2007, Bogotá, Colômbia.

G. Lucotte. A Criação e Exploração de Codornizes. Ediciones Mund-Prensa 1985. Madrid, Espanha.

M. Cumpa Gavidia. Reprodução e Manejo de Codornizes. Guia Prático.

BIOGRAFIA DO AUTOR

O autor dedica muito do seu tempo a transmitir os seus conhecimentos através da escrita, do ensino e da pesquisa. Formou-se na Universidade Arturo Michelena, Valência Edo. Carabobo, obtendo a licenciatura em Línguas Modernas. Tem uma especialização em Ensino Superior pela (Universidade de Carabobo) em 2018. Especialização em interpretação consecutiva pelo Instituto Techno Lingüa em 2016. Nascido em Caracas, Venezuela, em 3 de março de 1982. Mudou-se para Valência em 1989, desde então começou a expressar seus conhecimentos através de livros, e atualmente trabalha como tradutor freelancer. Ensinou inglês e francês no (Instituto Universitário Nuevas Profesiones) em 2013. (U.E. Fundación Valencia) em 2014-2015. (U.E. Valle Verde) em 2015-2016. (U.E. Jesús Manuel Berbín López) em 2015-2016. (U.E. San Miguel Febres Cordero) em 2017. (Unidad Educativa Batalla de Taguanes) em 2017. (Universidade Arturo Michelena) em 2017-2018. É autor das seguintes obras: El Pozo del Vaquero e El Hotel Sangriento em 2018, Diez Postres Más Ricos I em 2018, Diez Postres Más Ricos II em 2019, Diez Postres Más Ricos III em 2020, Diez Postres Más Ricos IV em 2020, Diez Postres Más Ricos V em 2021, Niños Lobos em 2021.